AF296245

ENCYCLOPÉDIE

DES

TRAVAUX PUBLICS

Fondée par **M.-C. LECHALAS**, Insp^r gén^{al} des Ponts et Chaussées

---

APPLICATIONS

DE LA

STATIQUE GRAPHIQUE

PAR

MAURICE KOECHLIN

ANCIEN ÉLÈVE DE L'ÉCOLE POLYTECHNIQUE DE ZURICH
INGÉNIEUR DE LA MAISON EIFFEL

ATLAS

POUTRES DROITES, COURBES, PLEINES, A TREILLIS, CONTINUES
ARCS MÉTALLIQUES, FERMES MÉTALLIQUES, PILES MÉTALLIQUES
INFLUENCE DU VENT SUR LES CONSTRUCTIONS, DÉFORMATIONS
CALCUL DES POUTRES POUR LE LANÇAGE ET LE MONTAGE
PILES EN MAÇONNERIE, CALCUL DES JOINTS DES POUTRES
FORMULES ET TABLES USUELLES

PARIS

LIBRAIRIE POLYTECHNIQUE

BAUDRY ET Cie, LIBRAIRES-ÉDITEURS

15, RUE DES SAINTS-PÈRES
MÊME MAISON A LIÈGE

1889

TOUS DROITS RÉSERVÉS

ENCYCLOPÉDIE DES TRAVAUX PUBLICS

APPLICATIONS

DE LA

STATIQUE GRAPHIQUE

8° V 6.993

ENCYCLOPÉDIE

DES

TRAVAUX PUBLICS

Fondée par **M.-C. LECHALAS**, Insp' gén' des Ponts et Chaussées

---

APPLICATIONS

DE LA

STATIQUE GRAPHIQUE

PAR

MAURICE KOECHLIN

ANCIEN ÉLÈVE DE L'ÉCOLE POLYTECHNIQUE DE ZURICH
INGÉNIEUR DE LA MAISON EIFFEL

ATLAS

POUTRES DROITES, COURBES, PLEINES, A TREILLIS, CONTINUES
ARCS MÉTALLIQUES, FERMES MÉTALLIQUES, PILES MÉTALLIQUES
INFLUENCE DU VENT SUR LES CONSTRUCTIONS. DÉFORMATIONS
CALCUL DES POUTRES POUR LE LANÇAGE ET LE MONTAGE
PILES EN MAÇONNERIE. CALCUL DES JOINTS DES POUTRES
FORMULES ET TABLES USUELLES

PARIS

LIBRAIRIE POLYTECHNIQUE

BAUDRY ET Cie, LIBRAIRES-ÉDITEURS

15, RUE DES SAINTS-PÈRES

MÊME MAISON A LIÉGE

—

1889

TOUS DROITS RÉSERVÉS

TABLE DES PLANCHES

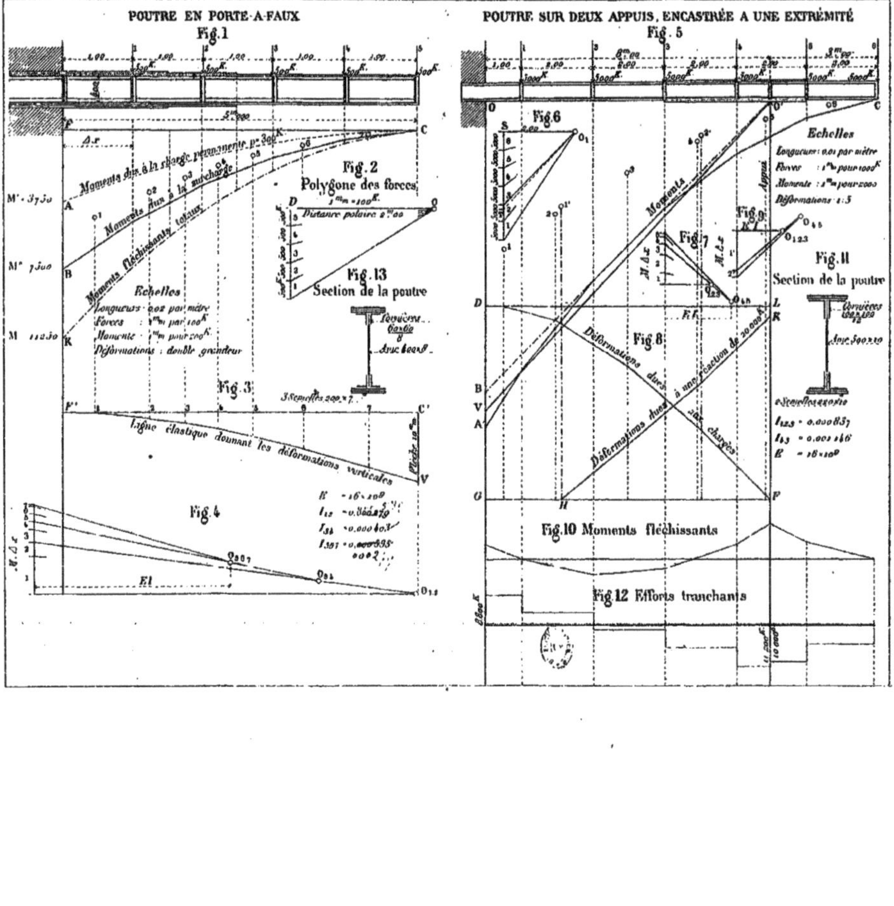

POUTRE EN PORTE-A-FAUX
Fig. 1

POUTRE SUR DEUX APPUIS, ENCASTRÉE A UNE EXTRÉMITÉ
Fig. 5

Fig. 2
Polygone des forces

Fig. 3

Fig. 4

Ligne élastique donnant les déformations verticales

Moments dûs à la charge permanente $p=300^K$
Moments dûs à la surcharge
Moments fléchissants totaux

Echelles
Longueurs : 0.02 par mètre
Forces : 1^{mm} par 100^K
Moments : 1^{mm} pour 200^K
Déformations : double grandeur

Fig. 13
Section de la poutre

Fig. 6

Fig. 7

Fig. 8

Fig. 9

Fig. 10 Moments fléchissants

Fig. 11
Section de la poutre

Fig. 12 Efforts tranchants

Déformations dûes à une réaction de 20.000^K
Déformations dûes à la charge

Echelles
Longueurs : 0.01 par mètre
Forces : 1^{mm} pour 100^K
Moments : 1^{mm} pour 2000
Déformations : 1:5

POUTRE PLEINE REPOSANT LIBREMENT SUR DEUX APPUIS

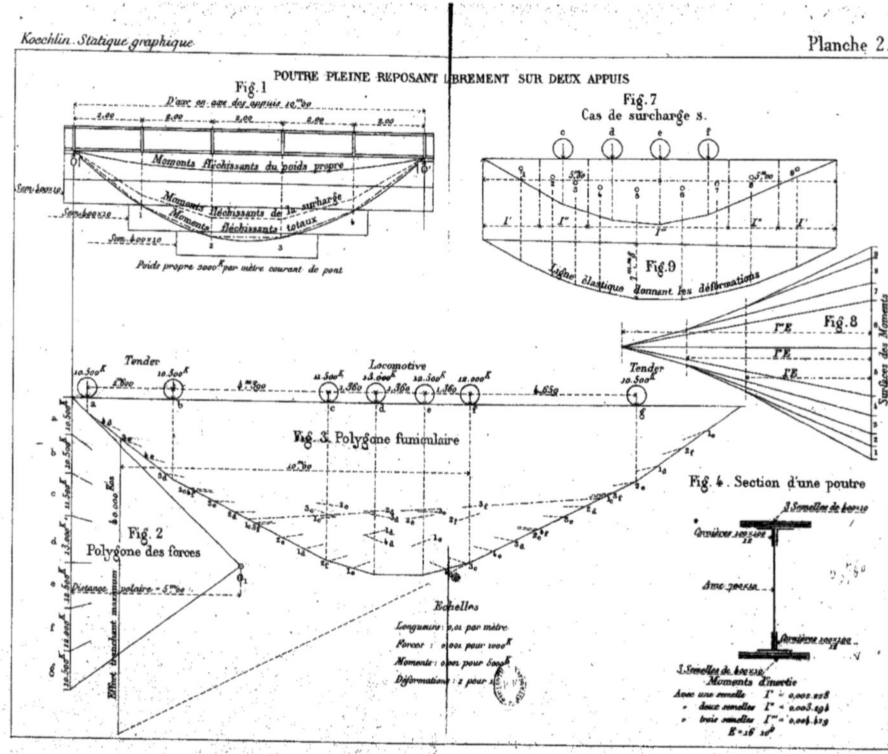

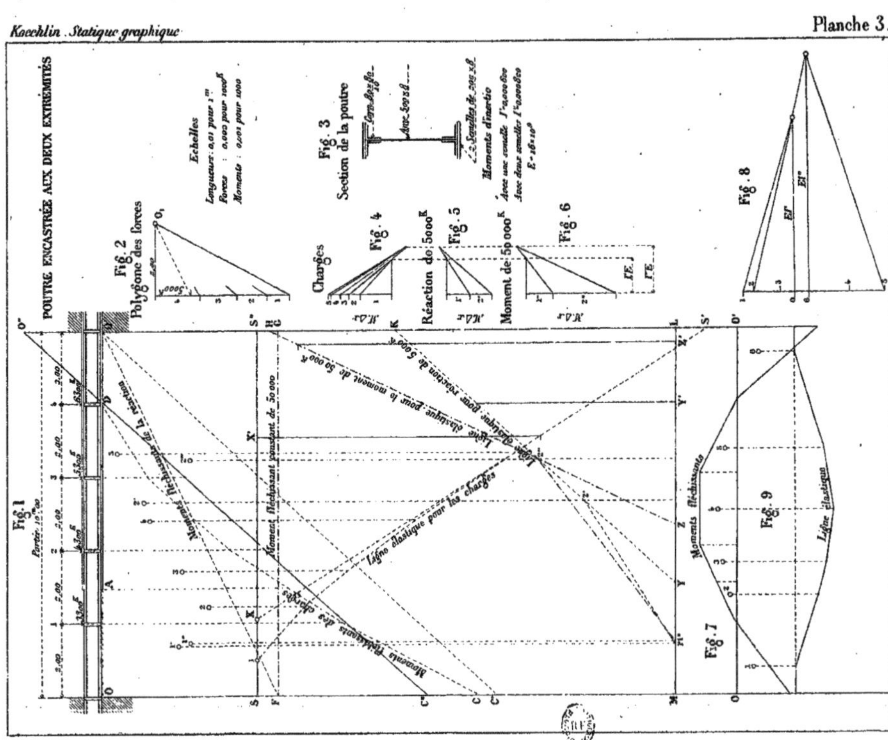
POUTRE ENCASTRÉE AUX DEUX EXTREMITÉS
Fig. 2
Polygône des forces
Echelles
Longueur : 0,01 pour 1ᵐ
Forces : 0,001 pour 100ᵏ
Moments : 0,001 pour 1000
Fig. 3
Section de la poutre
Fig. 4
Charges
Fig. 5
Réaction de 5000ᵏ
Fig. 6
Moment de 50 000ᵏ
Fig. 8
Fig. 1
Fig. 7
Fig. 9
Ligne élastique
Moments fléchissants

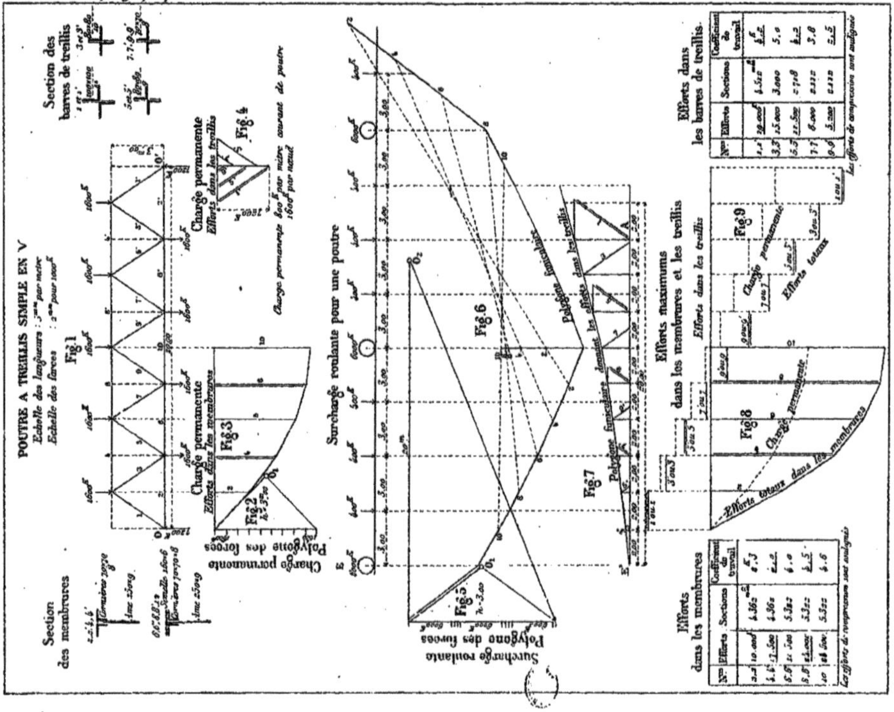

POUTRE A TREILLIS SIMPLE EN V

Echelle des longueurs : 5^{mm} par mètre
Echelle des forces : 2^{mm} pour 1000^k

Section des membrures

Section des barres de treillis

Fig.1

Charge permanente
Efforts dans les membrures
Fig.3

Charge permanente
Polygone des forces
Fig.2

Charge permanente
Efforts dans les treillis
Fig.4

Charge permanente 800^k par mètre courant de poutre
1600^k par nœud

Surcharge roulante pour une poutre

Surcharge roulante
Polygone des forces
Fig.5

Fig.6

Fig.7
Polygone funiculaire donnant les efforts dans les treillis

Polygone funiculaire

Efforts maximums dans les membrures et les treillis

Fig.8
Charge permanente
Efforts totaux dans les membrures

Efforts dans les treillis
Fig.9
Charge permanente
Efforts totaux

Efforts dans les membrures

N°s	Efforts	Sections	Coefficient de travail
2,2	10.000	4.362	4.3
4,4	17.500	4.362	4.0
6,6	21.500	5.322	4.0
8,8	24.000	5.322	4.5
10	26.500	5.322	4.6

Les efforts de compression sont soulignés

Efforts dans les barres de treillis.

N°s	Efforts	Sections	Coefficient de travail
1,1	20.000	4.522	4.2
3,3	15.000	3.000	5.0
5,5	11.500	2.718	4.2
7,7	8.000	2.112	3.8
9,9	5.200	2.112	2.5

Les efforts de compression sont soulignés

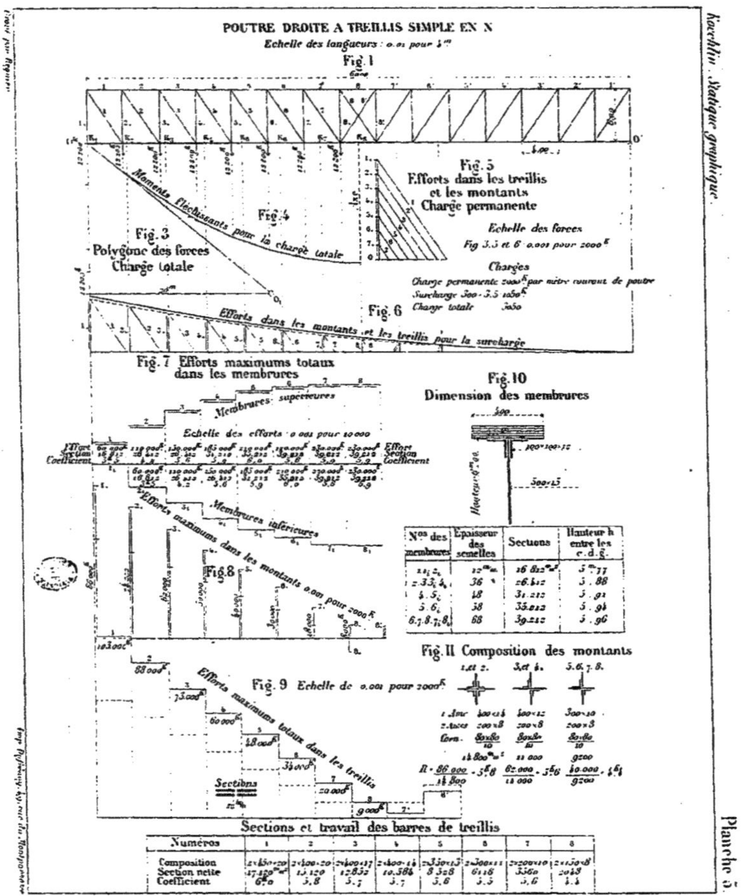

Nos des membrures	Épaisseur des semelles	Sections	Hauteur h entre les c.d.g.
1, 1, 2,	12 mm	16.812	3.77
2, 3, 3, 4,	36	26.412	3.88
4, 5,	18	31.212	3.91
5, 6,	38	33.812	3.94
6, 7, 8, 7, 8,	68	39.212	3.96

Sections et travail des barres de treillis

Numéros	1	2	3	4	5	6	7	8
Composition	2×150×20	2×100×20	2×100×17	2×100×16	2×300×13	2×300×11	2×200×10	2×150×8
Section nette	17.150 mm²	13.120	12.832	10.584	8.328	6.116	3.360	2.213
Coefficient	6.0	3.8	3.7	3.7	3.6	3.5	3.6	1.1

Imp. Pefsonnay, 69, rue du Montparnasse.

Dessiné par Régamey.

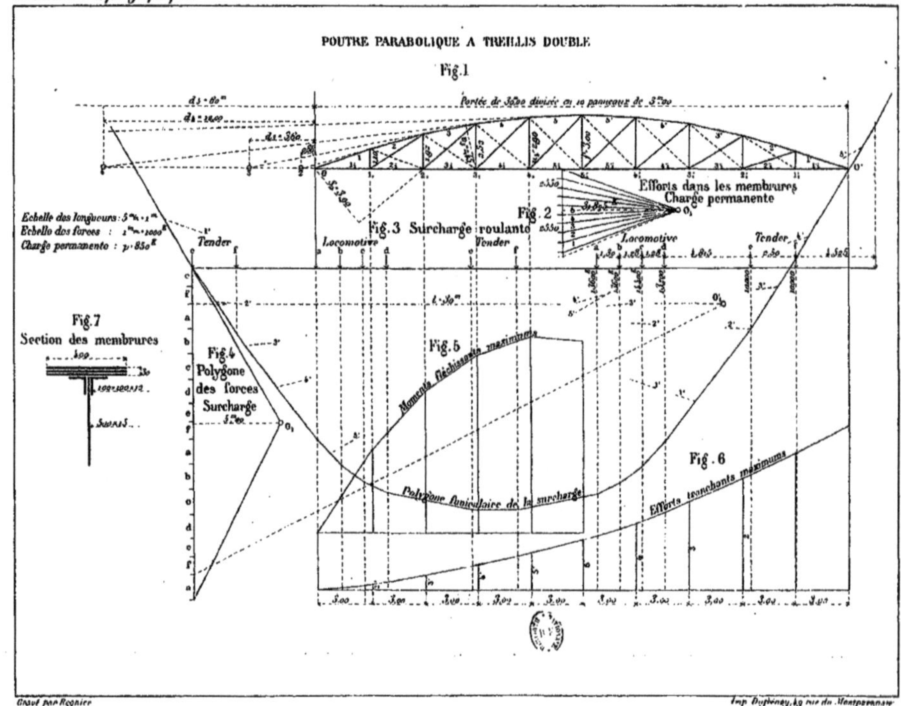
POUTRE PARABOLIQUE A TREILLIS DOUBLE
Fig.1
Portée de 36,00 divisé en 10 panneaux de 3,60
Efforts dans les membrures
Charge permanente
Fig.2
Fig.3 Surcharge roulante
Echelle des longueurs : 5 m. 1 m
Echelle des forces : 1 mm 1000
Charge permanente : p. 850 k
Tender
Locomotive
Tender
Locomotive
Tender
Fig.7
Section des membrures
Fig.4
Polygone
des forces
Surcharge
Fig.5
Moments fléchissants maximums
Polygone funiculaire de la surcharge
Fig.6
Efforts tranchants maximums
Gravé par Regnier
Imp. Duphénay, 49 rue du Montparnasse

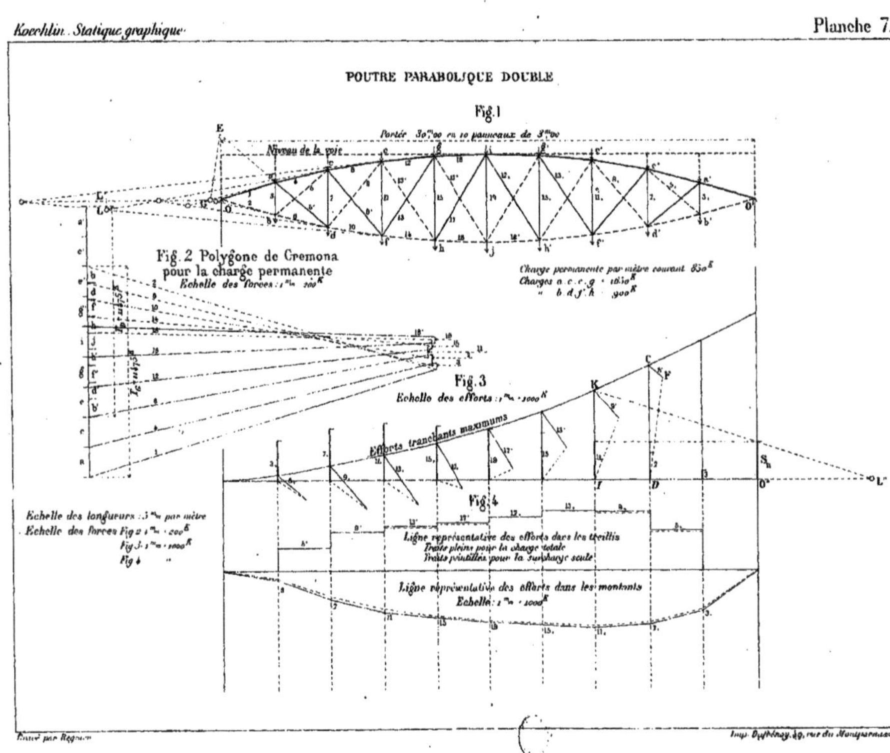
POUTRE PARABOLIQUE DOUBLE
Fig. 1
Portée 30m00 en 10 panneaux de 3m00
Niveau de la voie
Fig. 2 Polygone de Cremona
pour la charge permanente
Echelle des Forces : 1mm 200K
Charge permanente par mètre courant 830K
Charges a c e g · 1830K
" b d f h · 900K
Fig. 3
Echelle des efforts : 1mm · 1000K
Efforts tranchants maximums
Fig. 4
Ligne représentative des efforts dans les treillis
Traits pleins pour la charge totale
Traits pointillés pour la surcharge seule
Ligne représentative des efforts dans les montants
Echelle : 1mm · 1000K
Echelle des longueurs : 3mm par mètre
Echelle des Forces Fig 2 1mm · 200K
Fig 3 1mm · 1000K
Fig 4 "

DÉFORMATION D'UNE POUTRE DROITE A TREILLIS

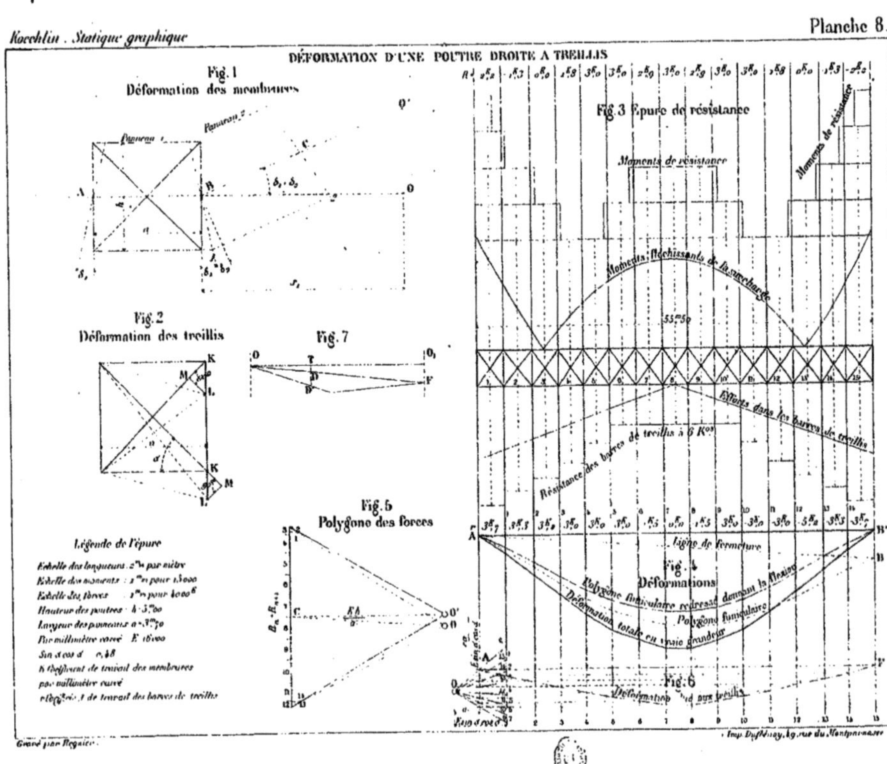

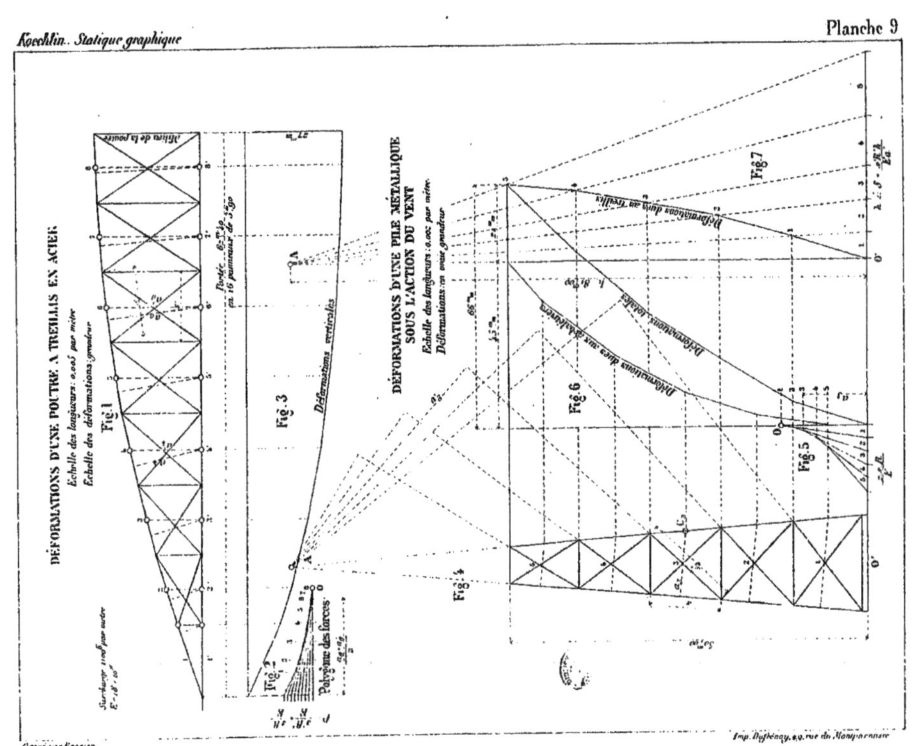
DÉFORMATIONS D'UNE POUTRE A TREILLIS EN ACIER
Echelle des longueurs : 0.005 par mètre
Echelle des déformations : grandeur
Fig.1
Milieu de la poutre
Surcharge 1000ᵏ par mètre
E = 18 × 10⁹
Fig.3
Portée 6.ᵐ10
en 16 panneaux de 3.ᵐ90
Déformations verticales
Fig.2
Polygone des forces
DÉFORMATIONS D'UNE PILE MÉTALLIQUE
SOUS L'ACTION DU VENT
Echelle des longueurs : 0.02 par mètre
Déformations : voir grandeur
Fig.6
Déformations dues au treillis
Déformations locales
Déformations dues aux montants
Fig.7
Fig.5
Fig.4
Imp. Dufrénoy, 49, rue du Montparnasse
Gravé par Regnier

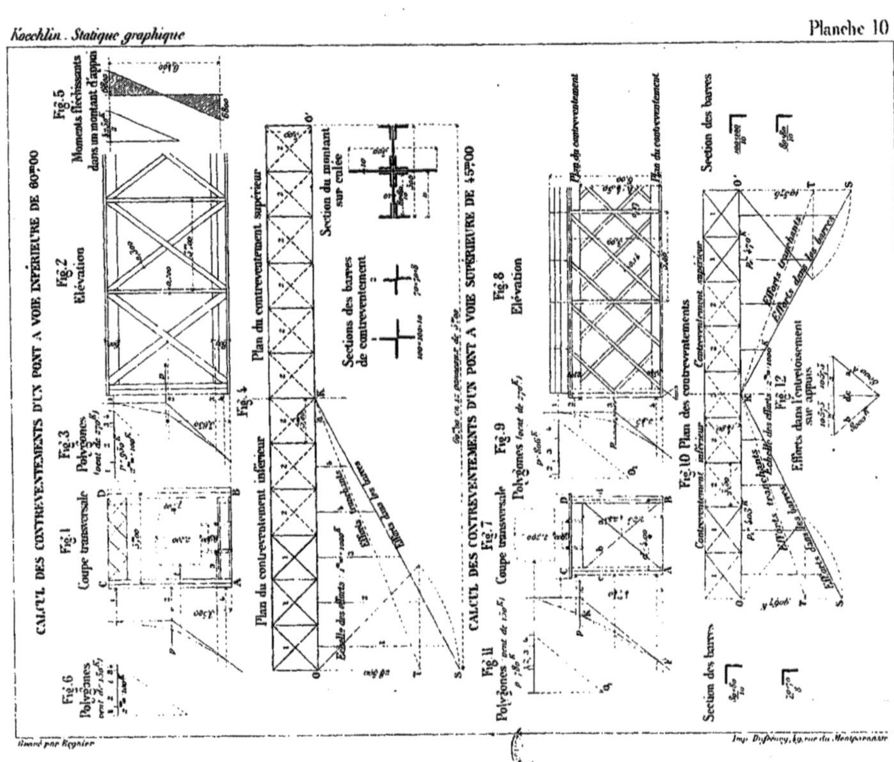
CALCUL DES CONTREVENTEMENTS D'UN PONT A VOIE INFÉRIEURE DE 60m00
Fig.1
Coupe transversale
Fig.2
Elévation
Fig.3
Polygones
Fig.5
Moments fléchissants dans un montant d'appui
Fig.4
Plan du contreventement supérieur
Plan du contreventement inférieur
Section du montant sur culée
Sections des barres de contreventement
Echelle des efforts
Efforts dans les barres
Fig.6
Polygones
CALCUL DES CONTREVENTEMENTS D'UN PONT A VOIE SUPÉRIEURE DE 45m00
Fig.7
Coupe transversale
Fig.8
Elévation
Fig.9
Polygones
Fig.10 Plan des contreventements
Plan du contreventement
Contreventement supérieur
Contreventement inférieur
Fig.11
Polygones
Fig.12
Efforts dans l'entretoisement sur appuis
Efforts tranchants
Efforts dans les barres
Section des barres

Koechlin. *Statique graphique*

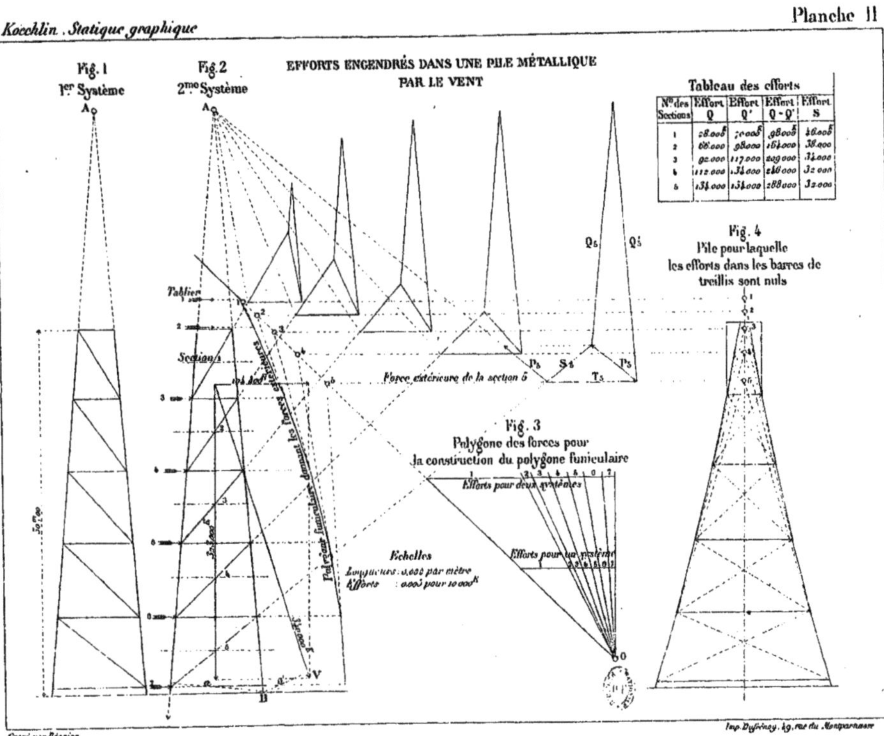

Tableau des efforts

N° des Sections	Effort Q	Effort Q'	Effort Q - Q'	Effort S
1	28.000	70.000	98.000	26.000
2	66.000	98.000	164.000	38.000
3	92.000	117.000	209.000	34.000
4	112.000	134.000	246.000	32.000
5	134.000	154.000	288.000	32.000

Gravé par Régnier — Imp. Dufrény, 49, rue du Montparnasse

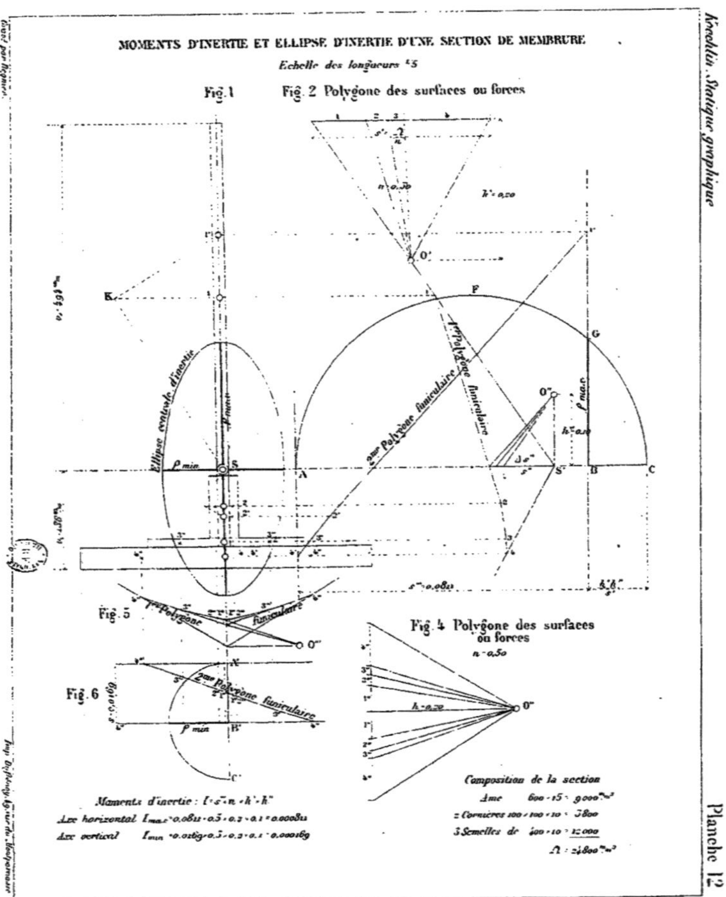

MOMENTS D'INERTIE ET ELLIPSE D'INERTIE D'UNE SECTION DE MEMBRURE.
Echelle des longueurs ⁵⁄₅
Fig.1
Fig. 2 Polygone des surfaces ou forces
h'=0,20
n=0,50
O'
F
G
1ᵉʳPolygone funiculaire
2ᵐᵉ Polygone funiculaire
Ellipse centrale d'inertie
ρ min
ρ max
S
A
O''
h'=0,20
S'
B
C
s'=0,081
k'k'
Fig. 5
1ᵉʳ Polygone funiculaire
O''
Fig. 4 Polygone des surfaces ou forces
n=0,50
h=0,20
O''
Fig. 6
2ᵐᵉ Polygone funiculaire
ρ min
B'
C'
Composition de la section
Ame   600·15· 9,000ᵐ·ᵐ²
2 Cornières 100·100·10· 3800
3 Semelles de 400·10· 12,000
Ω = 24,800 ᵐ·ᵐ²
Moments d'inertie : I=s²·n·h'·h''
Axe horizontal I_max=0,081·0,5·0,2·0,1=0,00081
Axe vertical   I_min=0,0169·0,5·0,2·0,1=0,000169

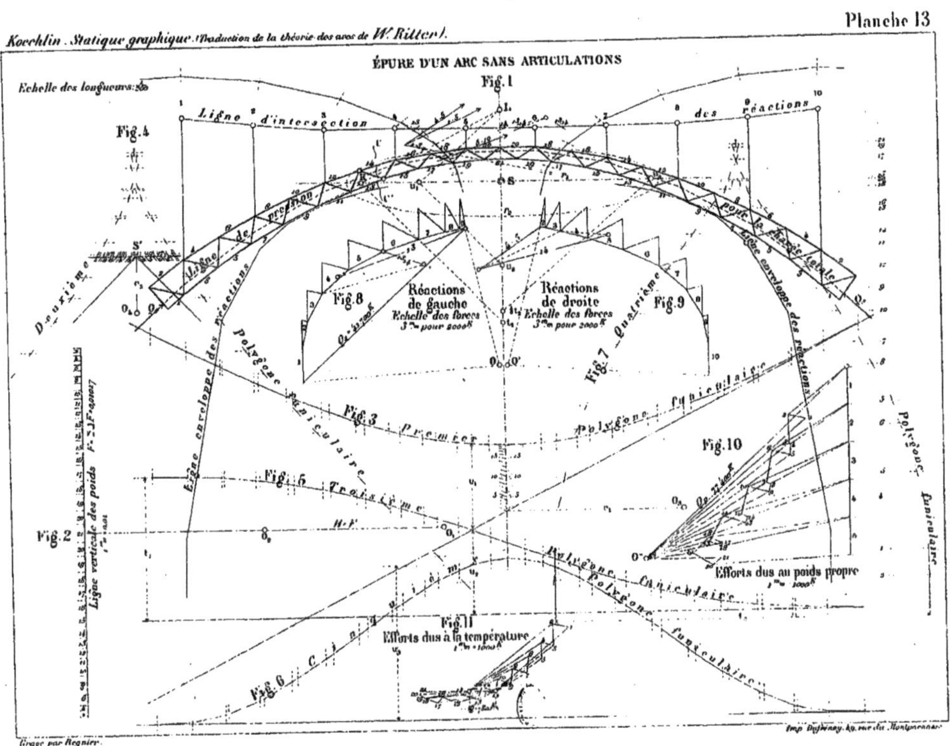

Koechlin. Statique graphique (Traduction de la théorie des arcs de W. Ritter).
ÉPURE D'UN ARC SANS ARTICULATIONS
Fig. 1
Echelle des longueurs:
Fig. 4
Ligne d'intersection des réactions
Fig. 8
Réactions de gauche
Echelle des forces
3mm pour 2000k
Réactions de droite
Echelle des forces
3mm pour 2000k
Fig. 9
Fig. 7 Quatrième
Fig. 3 Premier Polygone funiculaire
Polygone funiculaire
Fig. 10
Fig. 5 Troisième
Polygone funiculaire
Efforts dus au poids propre
Fig. 2
Ligne verticale des poids
H.F.
Polygone funiculaire
Fig. 11
Efforts dus à la température
Fig. 6 Cinquième
Ligne enveloppe des réactions
Deuxième
Ligne de pression
Imp. Dufrénoy, 40, rue du Montparnasse.
Gravé par Régnier.

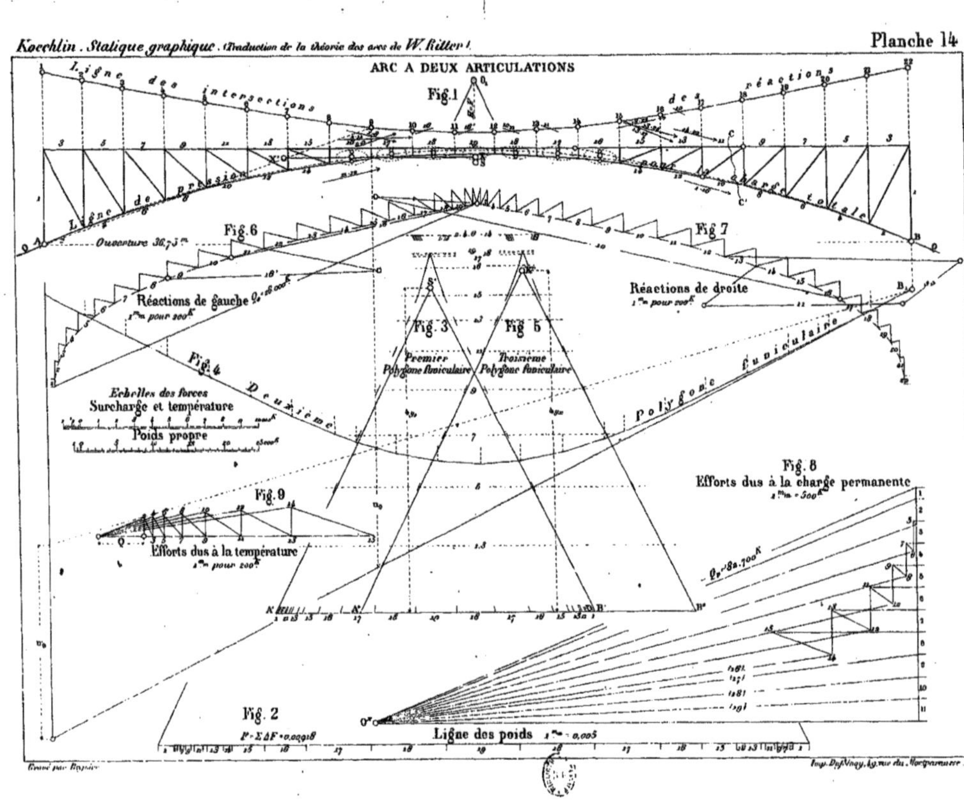

Koechlin. Statique graphique. (Traduction de la théorie des arcs de W. Ritter.)
ARC A DEUX ARTICULATIONS
Fig. 1
Ligne des intersections
Ligne de pression
Ouverture 36,73 m
Fig. 6
Réactions de gauche
Fig. 4
Deuxième
Echelles des forces
Surcharge et température
Poids propre
Fig. 9
Efforts dus à la température
Fig. 2
Fig. 3
Premier
Polygone funiculaire
Fig. 5
Troisième
Polygone funiculaire
Fig. 7
Réactions de droite
Polygone funiculaire
Fig. 8
Efforts dus à la charge permanente
Ligne des poids
Gravé par
Imp. Dufrénoy

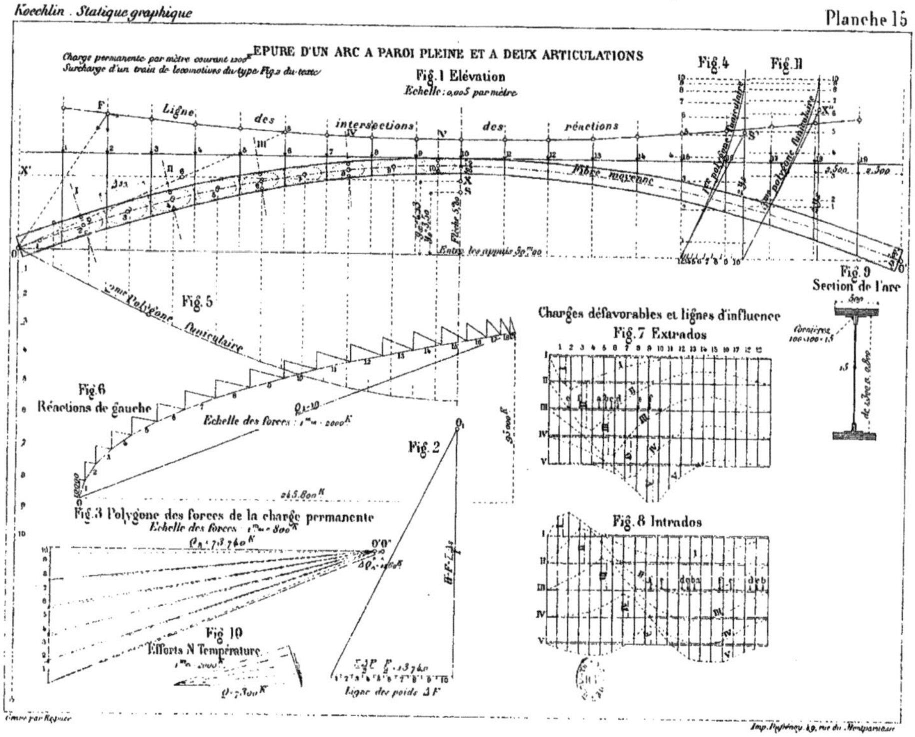

EPURE D'UN ARC A PAROI PLEINE ET A DEUX ARTICULATIONS

Charge permanente par mètre courant 1200ᵏ
Surcharge d'un train de locomotives du type Fig. 2 du texte

Fig. 1 Elévation
Echelle : 0,005 par mètre

Ligne des intersections des réactions

Fibre moyenne

Entre les appuis 59ᵐ,00

Fig. 4   Fig. 11

premier polygone funiculaire

Fig. 9
Section de l'arc

Cornière 100×100×15

de 5ᵐ à 0,800

Fig. 5
premier Polygone funiculaire

Fig. 6
Réactions de gauche
Echelle des forces : 1ᵐᵐ = 2000ᵏ

Charges défavorables et lignes d'influence
Fig. 7 Extrados

Fig. 8 Intrados

Fig. 2

Fig. 3 Polygone des forces de la charge permanente
Echelle des forces : 1ᵐᵐ = 800ᵏ

Fig. 10
Efforts N Température

Ligne des poids ΔF

Gravé par Régnier

Imp. Dopléney, 49, rue du Montparnasse

Gravé par Regnier   Imp. Dyfrénoy, 49, rue du Montparnasse

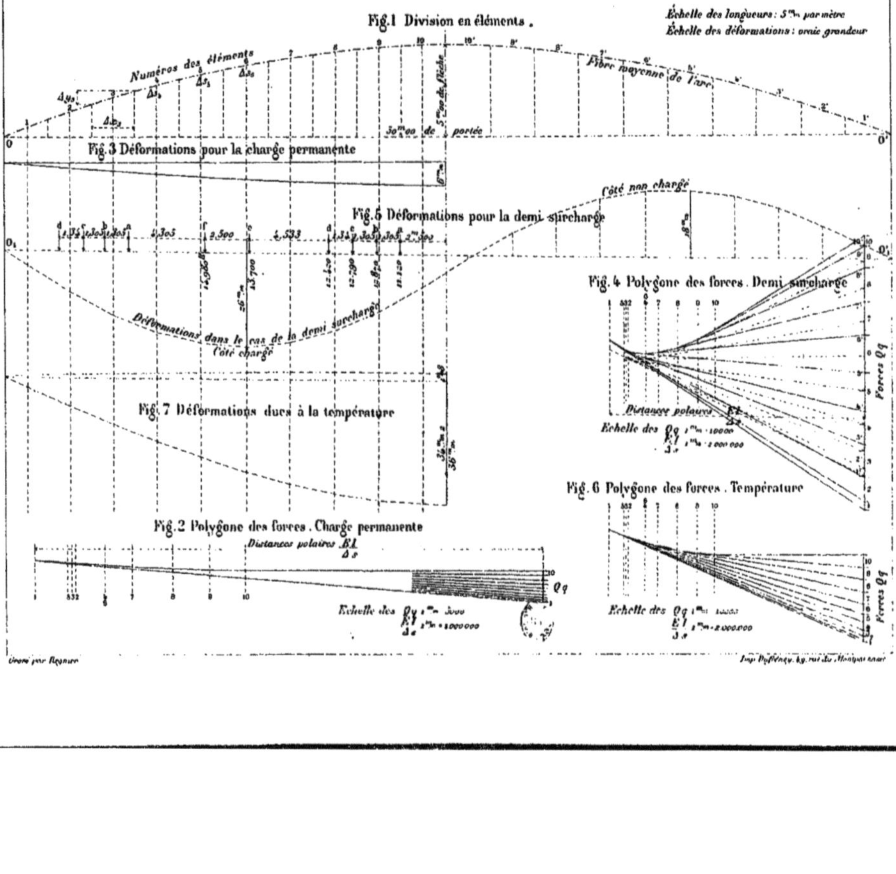

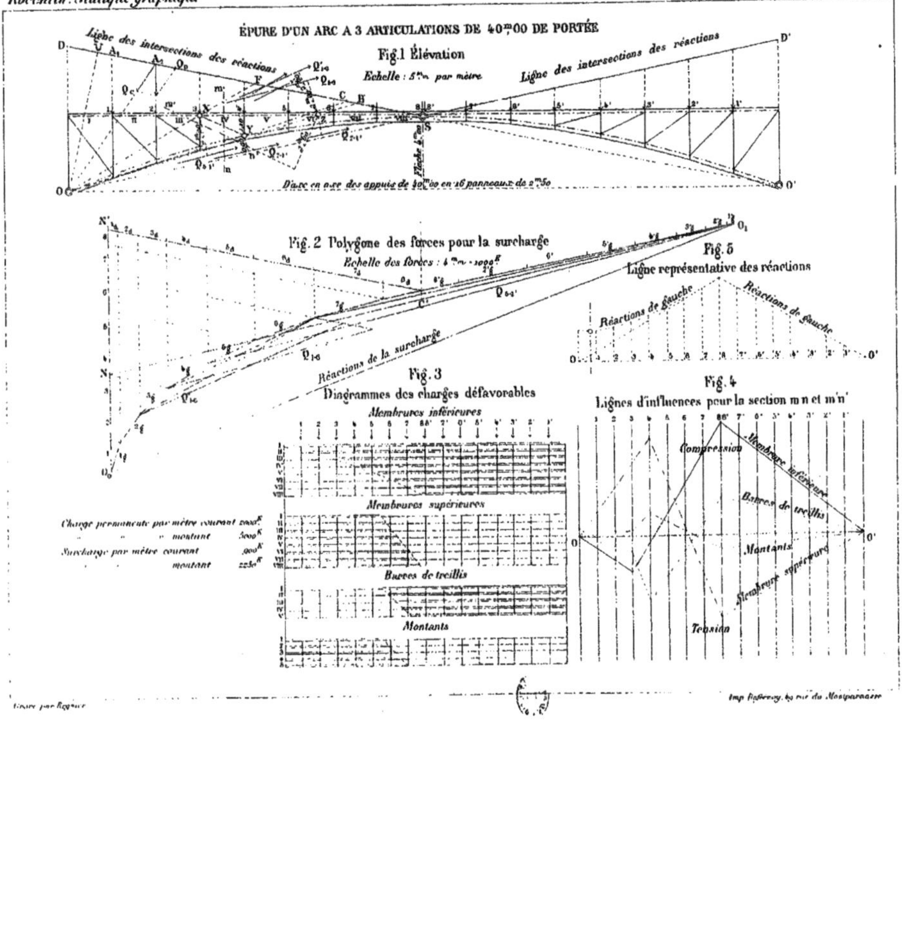

Koechlin. Statique graphique

ÉPURE D'UN ARC A 3 ARTICULATIONS DE 40ᵐ00 DE PORTÉE

Fig. 1 Élévation

Echelle : 5ᶜᵐ par mètre

Ligne des intersections des réactions

Ligne des intersections des réactions

Portée en axe des appuis de 40ᵐ00 en 16 panneaux de 2ᵐ50

Fig. 2 Polygone des forces pour la surcharge

Echelle des forces : 1ᵐᵐ = 1000ᵏ

Réactions de la surcharge

Fig. 5

Ligne représentative des réactions

Réactions de gauche

Réactions de gauche

Fig. 3

Diagrammes des charges défavorables

Membrures inférieures

Membrures supérieures

Barres de treillis

Montants

Fig. 4

Lignes d'influences pour la section m n et m'n'

Compression

Membrure inférieure

Barres de treillis

Montants

Membrure supérieure

Tension

Charge permanente par mètre courant 2000ᵏ

"   "   montant 5000ᵏ

Surcharge par mètre courant 900ᵏ

"   "   montant 2250ᵏ

POUTRE CONTINUE A SECTION VARIABLE
Fig. 1 Echelle des longueurs : 1^m par mètre

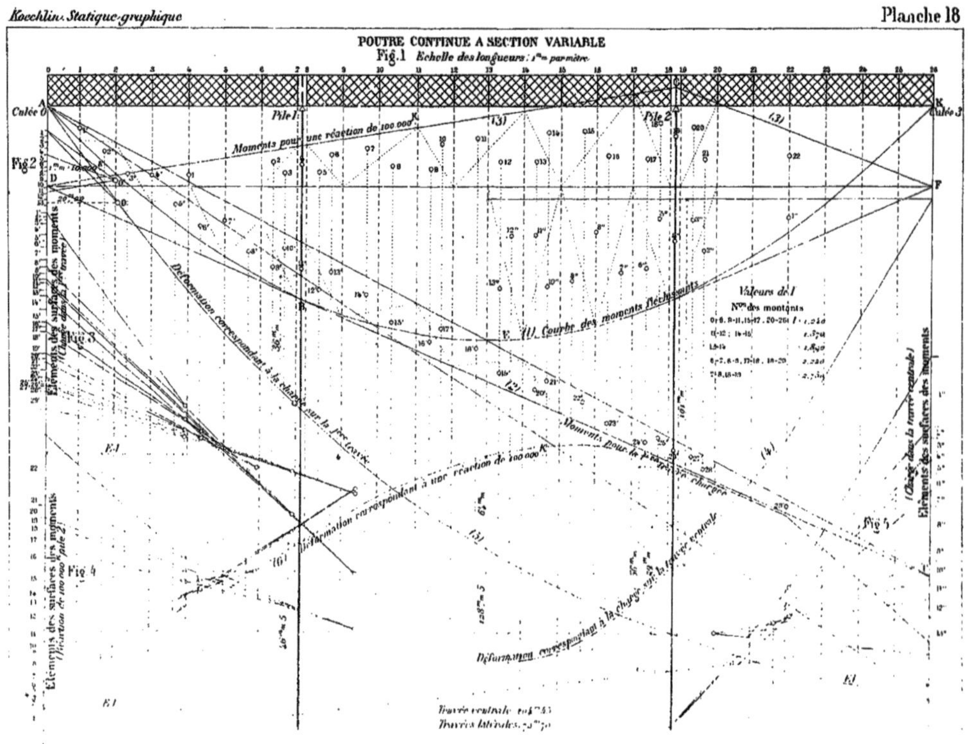

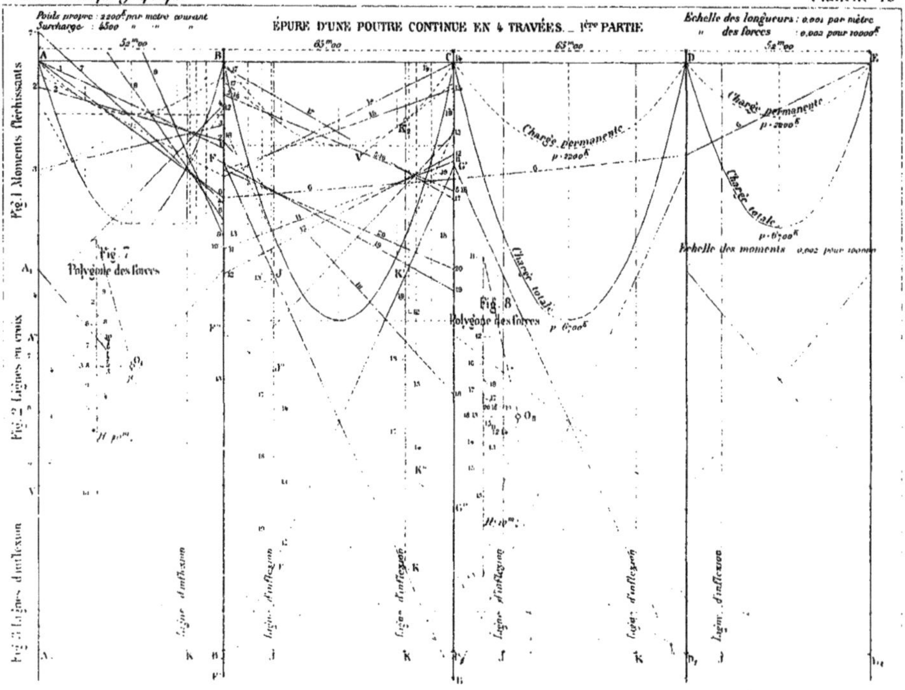

Poids propre : 2200ᵏ par mètre courant
Surcharge : 4500 " " "

ÉPURE D'UNE POUTRE CONTINUE EN 4 TRAVÉES. — 1ʳᵉ PARTIE

Échelle des longueurs : 0.001 par mètre
" des forces : 0.002 pour 10000ᵏ

Fig. 1 Moments fléchissants

Fig. 2 Lignes en croix

Fig. 3 Ligne d'inflexion

Fig. 7
Polygone des forces

Fig. 8
Polygone des forces

Charge permanente
p. 2200ᵏ

Charge totale
p. 6700ᵏ

Échelle des moments : 0.002 pour 100000

Ligne d'inflexion

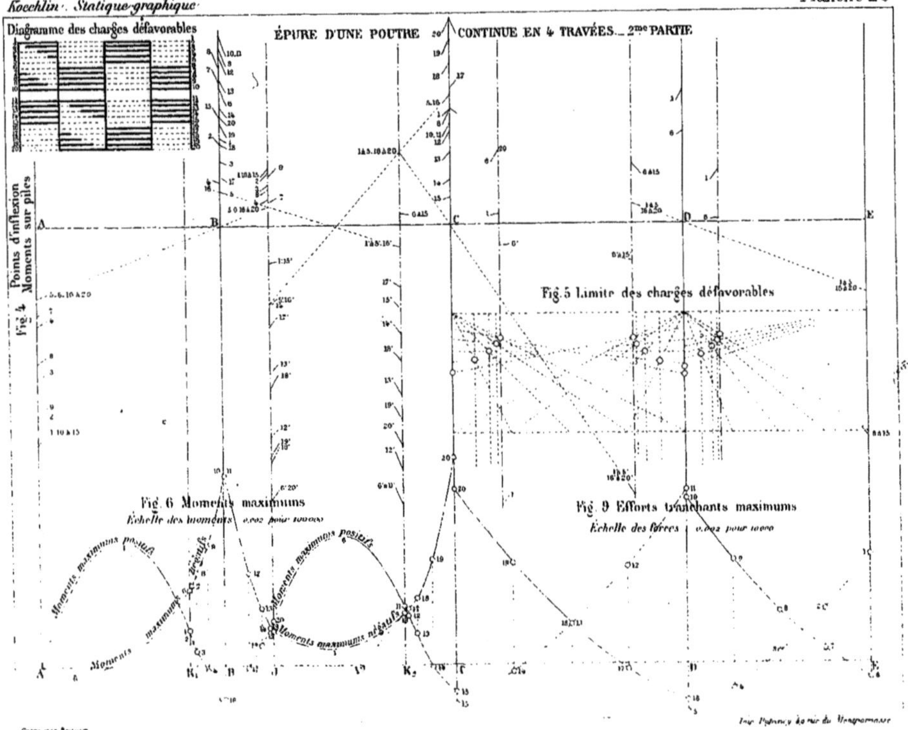

Koechlin . Statique-graphique
Planche 20
Diagramme des charges défavorables
ÉPURE D'UNE POUTRE CONTINUE EN 4 TRAVÉES _ 2me PARTIE
Points d'inflexion
Moments sur piles
Fig. 4
Fig. 5 Limite des charges défavorables
Fig. 6 Moments maximums
Échelle des moments   0.002 pour 100000
Moments maximums positifs
Moments maximums négatifs
Moments
Fig. 9 Efforts tranchants maximums
Échelle des forces   0.002 pour 10000
A   B   C   D   E

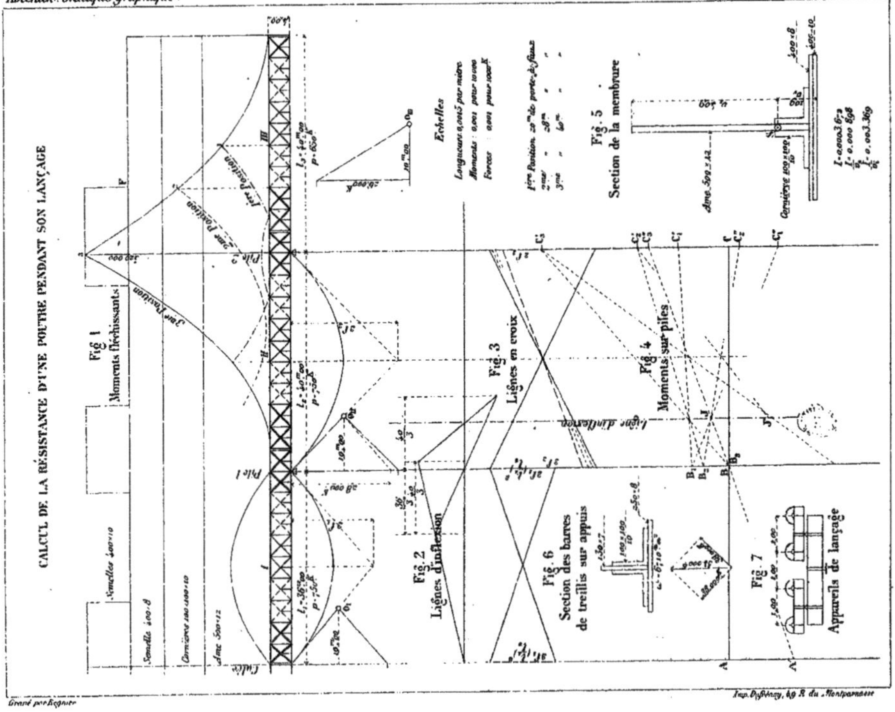

CALCUL DE LA RÉSISTANCE D'UNE POUTRE PENDANT SON LANÇAGE

Fig 1
Moments fléchissants

Semelles 400×10

Semelle 400·8

Cornières 100·100·10

Ame 500·12

Fig. 2
Lignes d'inflexion

Fig. 3
Lignes en croix

Fig. 6
Section des barres
de treillis sur appuis

Fig. 4
Moments sur piles

Fig. 5 .
Section de la membrure

Fig. 7
Appareils de lançage

Echelles

Longueurs 0,0015 par mètre
Moments : 0,001 pour 10000
Forces : 0,001 pour 1000^K

1ère Position 20^m de porte-à-faux
2me »   28^m »   »
3me »   40^m »   »

$I = 0,0003.6_{72}$
$\frac{I}{v} = 0,000.898$
$\frac{I}{v_{15}} = 0,003.369$

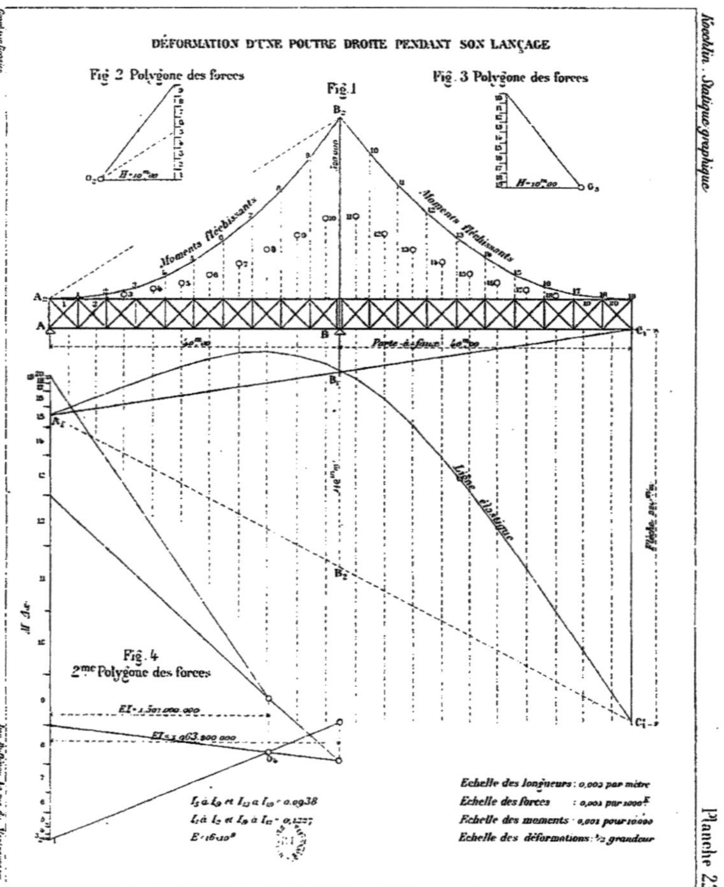

DÉFORMATION D'UNE POUTRE DROITE PENDANT SON LANÇAGE
Fig. 2 Polygone des forces
Fig. 1
Fig. 3 Polygone des forces
H=10ᵗ00
H=10ᵗ00
Moments fléchissants
Moments fléchissants
Porte-à-faux 40ᵐ00
40ᵐ00
Ligne élastique
Flèche 54ᵐ70
Fig. 4
2ᵐᵉ Polygone des forces
EI=1.501.000.000
EI=1.963.900.000
M Ax.
I₁ à I₉ et I₁₂ à I₁₀ = 0.0938
I₁ à I₂ et I₉ à I₁₁ = 0.1227
E = 16.10⁹
Echelle des longueurs : 0,003 par mètre
Echelle des forces : 0,001 par 1000ᵏ
Echelle des moments : 0,001 pour 10000
Echelle des déformations : ½ grandeur

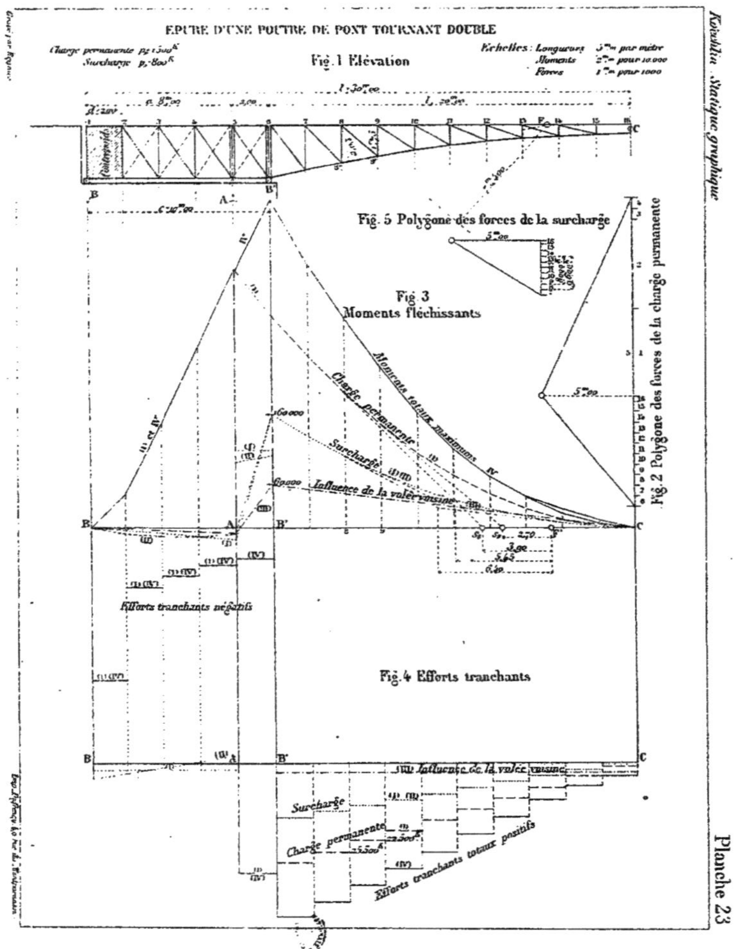
ÉPURE D'UNE POUTRE DE PONT TOURNANT DOUBLE
Charge permanente p. 1500k
Surcharge p. 800k
Fig. 1 Élévation
Échelles: Longueurs 5mm par mètre
Moments 2mm pour 10.000
Forces 1mm pour 1000
Fig. 5 Polygone des forces de la surcharge
Fig. 3
Moments fléchissants
Fig. 2 Polygone des forces de la charge permanente
Moments totaux maximums
Charge permanente
Surcharge
Influence de la valée voisine
Efforts tranchants négatifs
Fig. 4 Efforts tranchants
Influence de la valée voisine
Surcharge
Charge permanente
Efforts tranchants totaux positifs
Gravé par Regnier
Imp. Dyfrenoy, 40 rue du Montparnasse

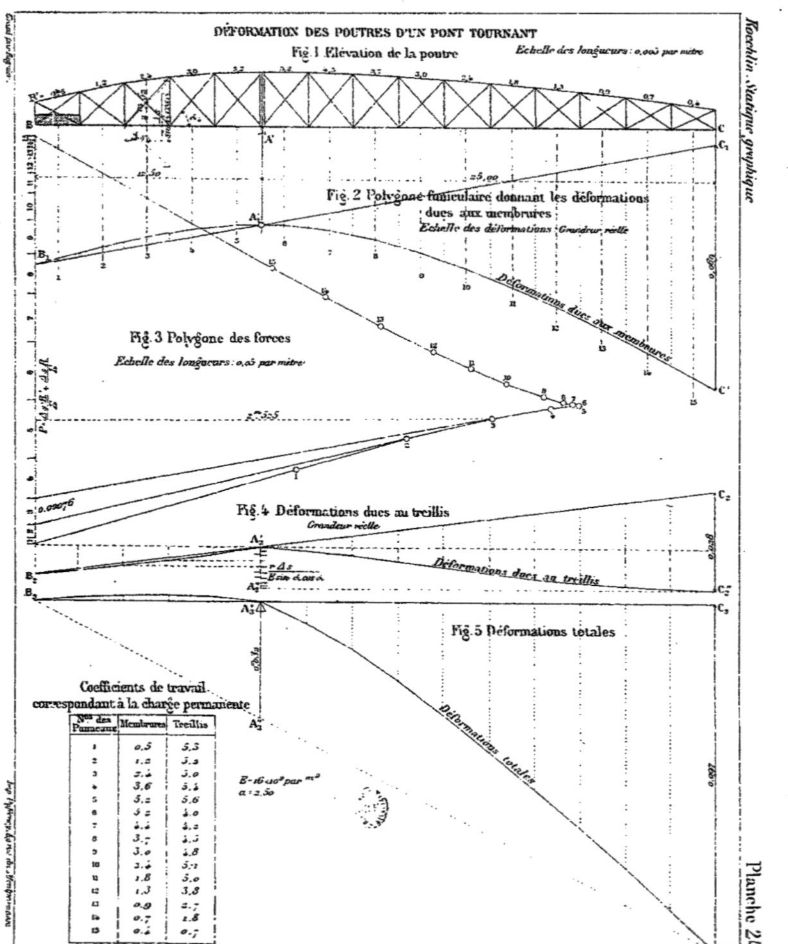

Coefficients de travail correspondant à la charge permanente

Nᵒˢ des Panneaux	Membrures	Treillis
1	0,5	5,3
2	1,2	5,2
3	2,4	5,0
4	3,6	5,4
5	5,2	5,6
6	5,2	4,0
7	4,4	4,2
8	3,7	4,5
9	3,0	4,8
10	2,4	5,2
11	1,8	5,0
12	1,3	3,8
13	0,9	2,7
14	0,7	1,8
15	0,4	0,7

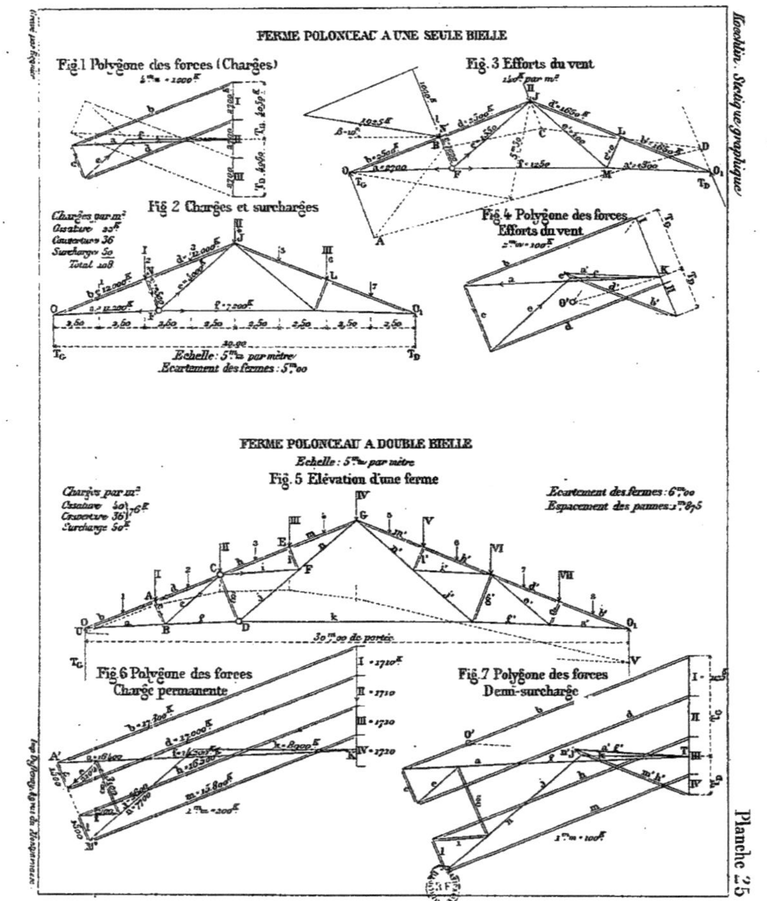

Gravé par Regnier
Imp Dufrenoy, 19 rue du Montparnasse

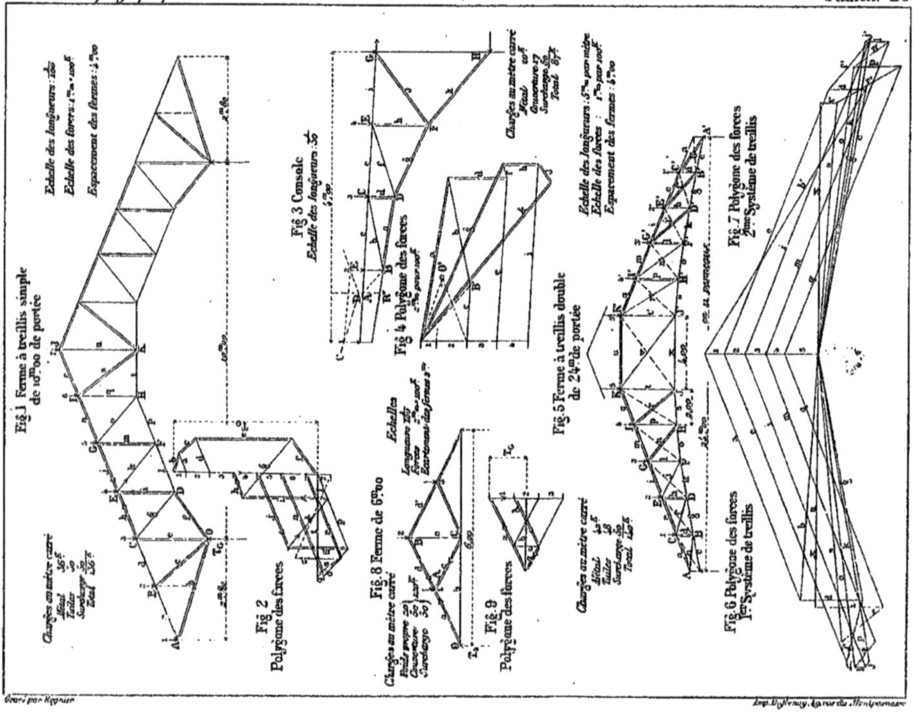

Fig. 1 Ferme à treillis simple
de 10^m,00 de portée

Charges au mètre carré
Métal 36^k
Tuiles 50
Surcharge 50
Total 136^k

Echelle des longueurs : 100
Echelle des forces : 1^m = 100^k
Espacement des fermes : 5^m,00

Fig. 2
Polygone des forces

Fig. 3 Console
Echelle des longueurs : 50

Fig. 8 Ferme de 6^m,00

Charges au mètre carré
Poids propre 20
Couverture 50
Surcharge 50

Echelles
Longueurs 100
Forces 1^m = 100^k
Ecartement des fermes 3^m

Fig. 4 Polygone des forces
2^m,00 pour 100^k

Fig. 9
Polygone des forces

Charges au mètre carré
Métal 20^k
Couverture 17
Surcharge 50
Total 87^k

Fig. 5 Ferme à treillis double
de 24^m de portée

Charges au mètre carré
Métal 42^k
Tuiles 48
Surcharge 50
Total 140^k

Echelle des longueurs : 5^m,m par mètre
Echelle des forces : 1^m par 100^k
Espacement des fermes : 4^m,00

Fig. 6 Polygone des forces
1er Système de treillis

Fig. 7 Polygone des forces
2me Système de treillis

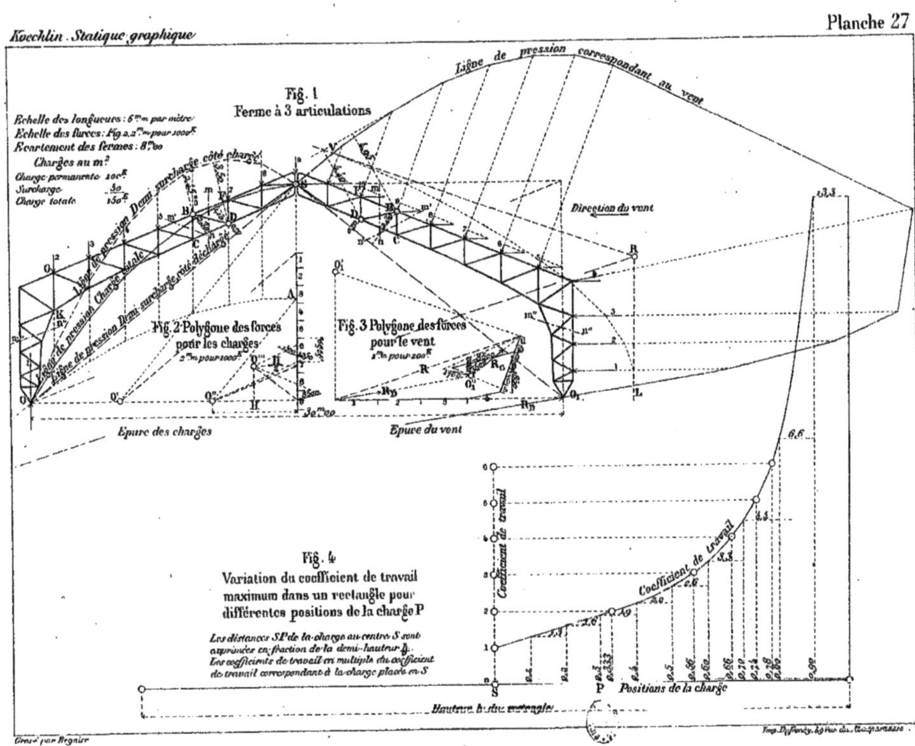
Fig. 1
Ferme à 3 articulations
Echelle des longueurs : 5 m. par mètre
Echelle des forces : Fig. 2, 2 m. pour 1000 k.
Ecartement des fermes : 8 m. 00
Charges au m²
Charge permanente 100 k.
Surcharge 50 k.
Charge totale 150 k.
Ligne de pression correspondant au vent
Direction du vent
Ligne de pression Charge totale
Demi surcharge côté chargé
Ligne de pression Demi surcharge côté déchargé
Fig. 2 Polygone des forces pour les charges
2 m. pour 1000 k.
Fig. 3 Polygone des forces pour le vent
1 m. pour 200 k.
Epure des charges
Epure du vent
Fig. 4
Variation du coefficient de travail maximum dans un rectangle pour différentes positions de la charge P
Les distances SP de la charge au centre S sont exprimées en fraction de la demi-hauteur h.
Les coefficients de travail en multiple du coefficient de travail correspondant à la charge placée en S
Coefficient de travail
Coefficient de travail
Positions de la charge
Hauteur h du rectangle

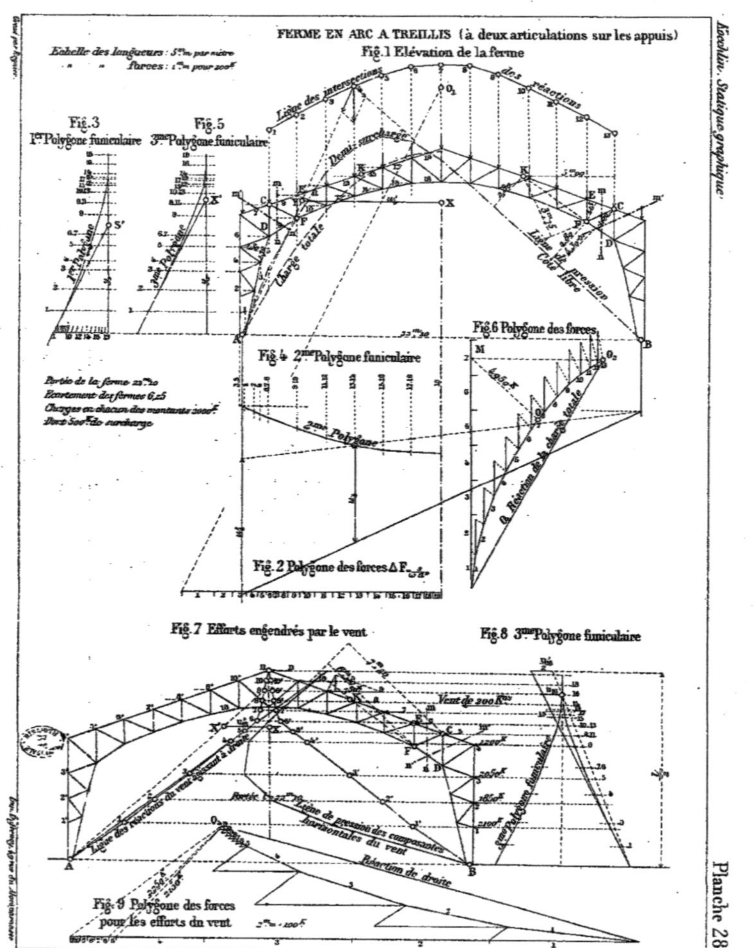
FERME EN ARC A TREILLIS (à deux articulations sur les appuis)
Fig.1 Elévation de la ferme
Echelle des longueurs : 5cm par mètre
forces : 1cm pour 200k
Ligne des intersections
des réactions
Demi surcharge
Charge totale
Ligne de pression
Coté libre
X
Fig.3
1er Polygone funiculaire
Fig.5
3me Polygone funiculaire
Fig.4 2me Polygone funiculaire
2me Polygone
Fig.2 Polygone des forces ΔF
Partie de la ferme 22m20
Ecartement des fermes 6,25
Charges sur chacun des montants 1000k
Dont 500k de surcharge
Fig.6 Polygone des forces
M
O2
6.65k
O. Réaction de la charge totale
Fig.7 Efforts engendrés par le vent
Fig.8 3me Polygone funiculaire
Vent de 200 K
Ligne des Réactions du vent s'appuyant à droite
Ligne de pression des composantes horizontales du vent
Réaction de droite
A
B
Fig.9 Polygone des forces
pour les efforts du vent
2m = 100k

ÉPURE DE STABILITÉ D'UNE PILE DE PONT EN ARC
Fig 1 Coupe de la pile
0,005 par mètre
Fig 2 Polygone des forces
Arc déchargé
Arc chargé
Ligne de pression
Étiage
ÉPURE DE STABILITÉ D'UNE CULÉE DE PONT EN ARC
Fig.3 Coupe de la culée
0,005 par mètre
Fig 4 Polygone des forces
Fig.5 Polygone des forces
Espacement de deux arcs: 3m00
Densité de la maçonnerie: 2500k
Poids de l'élément 6: 3 x 4,00 x 6,60 x 2500 = 198.000k
Espacement de deux arcs: 3m00
Densité de la maçonnerie: 2500k
Dessiné par Ezquier
Imp. Dyponcy, 19 rue de Montparnasse

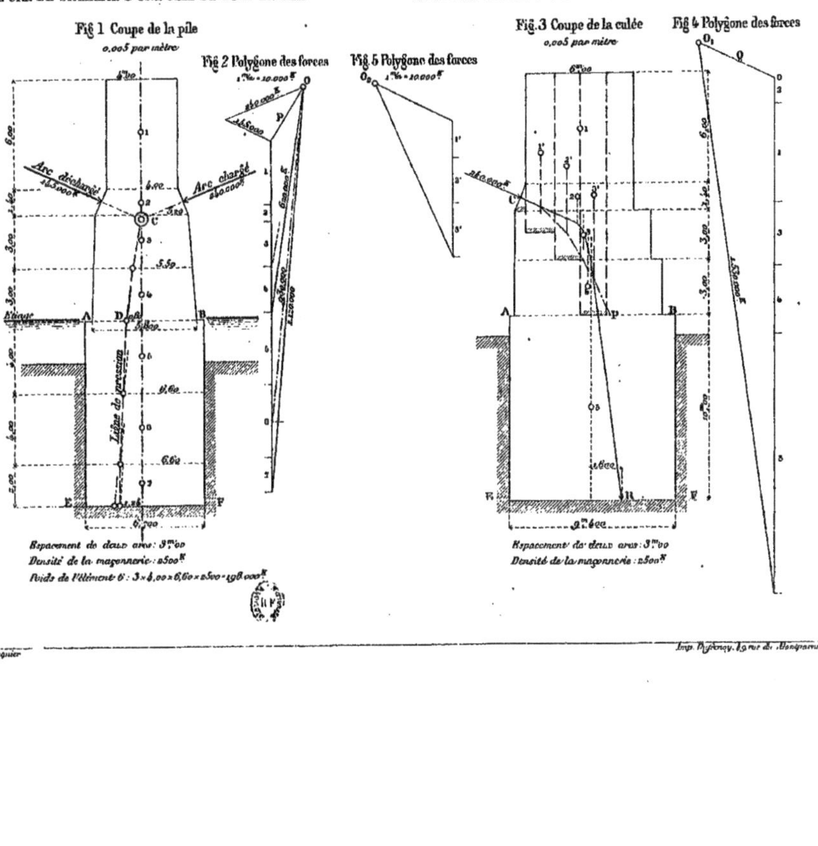

ÉPURE DE STABILITÉ D'UNE PILE EN MAÇONNERIE DE 64ᵐ DE HAUTEUR

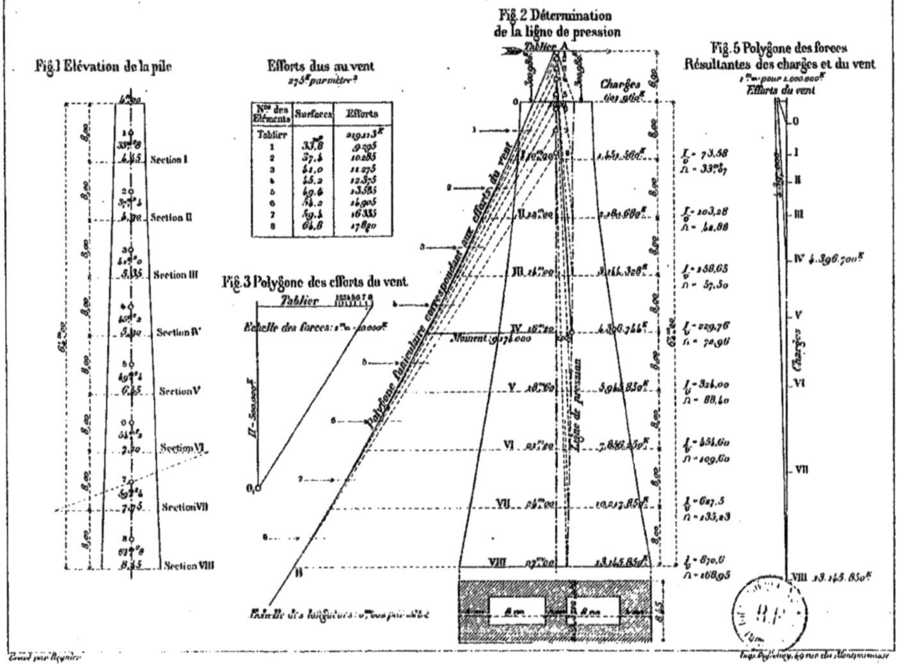

Fig. 1 Élévation de la pile

Efforts dus au vent
175^{k} par mètre²

Nᵒˢ des Éléments	Surfaces	Efforts
Tablier		19.113^{k}
1	33.8	9.295
2	37.4	10.285
3	41.0	11.275
4	45.2	12.375
5	49.4	13.585
6	54.2	14.905
7	59.4	16.335
8	64.8	17.820

Fig. 2 Détermination de la ligne de pression

Fig. 3 Polygone des efforts du vent

Fig. 5 Polygone des forces
Résultantes des charges et du vent
1^{m} pour $1.000.000^{k}$

ENCYCLOPÉDIE DES TRAVAUX PUBLICS
Directeur : M.-C. LECHALAS,
12, rue Alph. de Neuville (ancien 28, rue Brémontier), Paris

Premières connaissances de l'ingénieur.

Analyse infinitésimale, par M. FLAMANT, ingénieur en chef des ponts et chaussées, professeur à l'École centrale et à l'École des ponts et chaussées.

Éléments de statique graphique, par M. Euc. ROUCHÉ, examinateur de sortie à l'École polytechnique et professeur au Conservatoire des arts et métiers.

Mécanique générale, par M. FLAMANT, 1 vol. avec 103 figures dans le texte. 20 fr.

Levé des plans et nivellement, par M. L. DURAND-CLAYE, ing. en chef des ponts et chaussées, et MM. Pelletan et Lallemand, ing. des mines. 1 vol. grand in-8, avec 280 figures dans le texte. 25 fr.

Procédés généraux et mécanique appliquée.

Coupe des pierres, par M. Euc. ROUCHÉ.

Applications de la statique graphique, par M. Mce KOECHLIN, ingénieur de la maison Eiffel. 1 volume de texte avec 273 figures dans le texte, et un atlas de même format (30 planches doubles)................ 30 fr.

Procédés généraux de construction, par M. PONTZEN, ingénieur civil, membre du comité de l'exploitation technique des chemins de fer.

Stabilité des constructions. Résistance des matériaux, par M. FLAMANT, 1 vol. gr. in-8, avec 205 figures dans le texte.............. 25 fr.

Hydraulique et moteurs hydrauliques.

Machines à vapeur.

Chimie et géologie appliquées. Salubrité.

Chimie appliquée à l'art de l'ingénieur, par M. L. DURAND-CLAYE, directeur du laboratoire de l'École des ponts et chaussées.............. 10 fr.

Hydraulique agricole, par M. CHARPENTIER DE COSSIGNY (sous presse).

Géologie appliquée à l'art de l'ingénieur, par M. NIVOIT, ingénieur en chef des mines, professeur à l'École des ponts et chaussées. 2 vol...... 40 fr.

Distributions d'eau. Assainissement, par M. BECHMANN, ingénieur en chef de la ville de Paris. 1 vol gr. in-8, avec 62 figures dans le texte... 30 fr.

Routes et ponts.

Routes et chemins vicinaux, par MM. L. MANS, inspecteur général des ponts et chaussées, membre du comité consultatif de la vicinalité, et L. DURAND-CLAYE.................... 25 fr.

Ponts métalliques, par M. J. RÉSAL, ingénieur des ponts et chaussées. 25 fr.

Ponts en maçonnerie, par MM. DEGRAND, inspecteur général honoraire des ponts et chaussées, et J. RÉSAL, avec une introduction par M.-C. LECHALAS, 2 vol. avec plus de 600 fig. dans le texte................ 40 fr.

Chemins de fer.

Superstructure, 1 vol. avec figures et 1 atlas.

Matériel roulant, 1 vol. et 1 atlas.

Exploitation technique et exploitation commerciale, 1 vol.

Navigation intérieure. Inondations.

Rivières et canaux, par M. GUILLEMAIN, inspecteur général, professeur à l'École des ponts et chaussées, avec des Annexes par MM. LECHALAS, BAUMGARTEN, FLAMANT, EDWIN CLARK, GRUSON et CADART, 2 vol...... 40 fr.

Hydraulique fluviale. Inondations, par M. M.-C. LECHALAS...... 17 fr.

La Seine de Paris à Rouen, par M. CAUSSÉ, ingénieur en chef des ponts et chaussées.

Travaux maritimes. Ports.

Travaux maritimes, par M. LAROCHE, ingénieur en chef, professeur à l'École des ponts et chaussées.

Les Ports de la Manche, par M. RENAUD, ingénieur en chef des ponts et chaussées, adjoint à l'Inspection des travaux hydrauliques de la marine.

Les Ports des îles britanniques, par M. GUILLAIN, ingénieur en chef des ponts et chaussées.

Les Ports de la mer du Nord et du Pas-de-Calais, par le même.

La Seine maritime et son Estuaire, par M. LAVOINNE, ingénieur en chef des ponts et chaussées, avec une introduction par M. M.-C. LECHALAS... 10 fr.

Législation et jurisprudence. Ouvrages divers.

Production de l'électricité et applications industrielles, par M. MONNIER, professeur à l'École centrale (sous presse).

Législation des mines, française et étrangère, par M. AGUILLON, ingénieur en chef, professeur à l'École nationale supérieure des mines, 3 volumes grand in-8.................. 40 fr.

Manuel de droit administratif, par M. G. LECHALAS, ingénieur des ponts et chaussées, tome I........... 20 fr.

Législation des appareils à vapeur, des établissements insalubres et des eaux minérales, par M. AGUILLON.

Notices biographiques, par M. TARBÉ DE ST-HARDOUIN, inspect. général. 5 fr.

EN VENTE chez Baudry et Cie : **Traité de PHYSIQUE**, par M. GARIEL, ingénieur en chef, professeur de physique à la faculté de médecine et à l'école nationale des ponts et chaussées. 2 vol. grand in-8 avec de nombreuses figures............ 20 fr.

Laval. — Imp. E. JAMIN, rue de la Paix, 41.

www.ingramcontent.com/pod-product-compliance
Ingram Content Group UK Ltd.
Pitfield, Milton Keynes, MK11 3LW, UK
UKHW022232070726
13613UKWH00004B/1899

9 782019 981501